BIARRITZ, STATION HIBERNALE

NOTE CLIMATOLOGIQUE

ET

DÉMOGRAPHIQUE SUR BIARRITZ

PAR LE

Docteur LOBIT

Membre de la Société Astronomique de France
Membre correspondant de la Société Gynécologique Espagnole
Secrétaire-Général de « Biarritz-Association »
Chevalier de la Légion d'honneur
Médecin Consultant à BIARRITZ

Communication faite au Congrès d'Hydrologie,
de Climatologie et de Géologie de Clermont-Ferrand
(Septembre-Octobre 1896)

BIARRITZ
IMPRIMERIE ET LITHOGRAPHIE LAMAIGNÈRE, RUE DU CHATEAU, 2.
—
1896

BIARRITZ, STATION HIBERNALE

NOTE CLIMATOLOGIQUE

ET

DÉMOGRAPHIQUE SUR BIARRITZ

PAR LE

Docteur LOBIT

Membre de la Société Astronomique de France

Membre correspondant de la Société Gynécologique Espagnole

Secrétaire-Général de « Biarritz-Association »

Chevalier de la Légion d'honneur

Médecin Consultant à BIARRITZ

Communication faite au Congrès d'Hydrologie,
de Climatologie et de Géologie de Clermont-Ferrand

(Septembre-Octobre 1896)

BIARRITZ

IMPRIMERIE ET LITHOGRAPHIE LAMAIGNERE, RUE DU CHATEAU, 2.

—

1896

NOTE CLIMATOLOGIQUE & DÉMOGRAPHIQUE

BIARRITZ

MESSIEURS,

Une étude climatologique complète nécessiterait de
grands développements qui dépasseraient les limites
assignées à une simple note. Je me bornerai donc à
l'exposé de la *Température* à Biarritz et particulièrement
de la *moyenne des hivers météorologiques*.

La *température* est le facteur principal du climat.
« Faisons nos efforts, dit M. Camille Flammarion, pour
approcher en météorologie des certitudes admirables de
l'astronomie. Les données les plus exactes seront fournies par le thermomètre, et c'est dans la *température* que
sera l'élément le plus exactement connu de ceux qui
constituent le climat. Les comparaisons d'une année à
l'autre mettent en évidence les analogies et les diffé-
rences, et il semble bien que c'est par ces sortes de comparaisons qu'on pourra parvenir à reconnaître les pério-
dicités, s'il en existe. (1) »

Je n'étudie que l'*hiver météorologique*, par cette seule
raison que le climat de Biarritz, pendant les autres saisons, est connu de tous, témoin cette foule élégante qui
fréquente notre plage, en été et en automne, de nationa-
lités Espagnole, Russe, Française ; témoin la nouvelle

(1) C. Flammarion. — *Annuaire astronomique et météorologique.*
— *Revue météorologique*, p. 165.

clientèle thermale qui nous vient, dès le printemps, de plus en plus nombreuse.

La saison d'hiver seule est ignorée, en France, du moins. (1) Biarritz, en effet, est signalée comme station hibernale dans peu de travaux climatologiques. Seule, une colonie anglaise, de plus en plus importante et fidèle, sait en apprécier les agréments et les avantages climatériques.

Je vais donc essayer de démontrer que Biarritz, à ne considérer que l'élément *Température*, ne craint pas la comparaison avec d'autres stations hibernales. Quant aux autres facteurs du climat hibernal, je me réserve de les examiner dans un travail ultérieur. L'étude qui en sera faite ne fera que corroborer les conclusions actuelles.

A l'exposé de la *moyenne thermométrique hibernale,* j'ajouterai les résultats d'une *étude démographique* suivie d'un travail comparatif avec la démographie d'autres villes ou pays.

Quelques considérations très succinctes sur les applications thérapeutiques découleront tout naturellement de ce travail.

I. — HIVERS MÉIÉOROLOGIQUES.

A. — Températures Moyennes.

Le *Bulletin international du Bureau Central météorologique de France* m'a servi de document unique, et j'ai

(1) Un Parisien, de mes clients, me racontait, en février dernier, que désirant, apiès un séjour sur les bords de la Méditerranée, passer par Biarritz, avant de rentrer a Paris, il avait demandé à Cannes, au moment de son depart, des renseignements sur notre ville, afin de savoir s'il y trouverait une installation à peu près confortable « *A Biarritz, en ce moment, oui, peut-êtie tiouverez-vous un hotel ouveit* ! » Telle fut la reponse.

Diagramme I. – Hivers météorologiques . – Températures moyennes

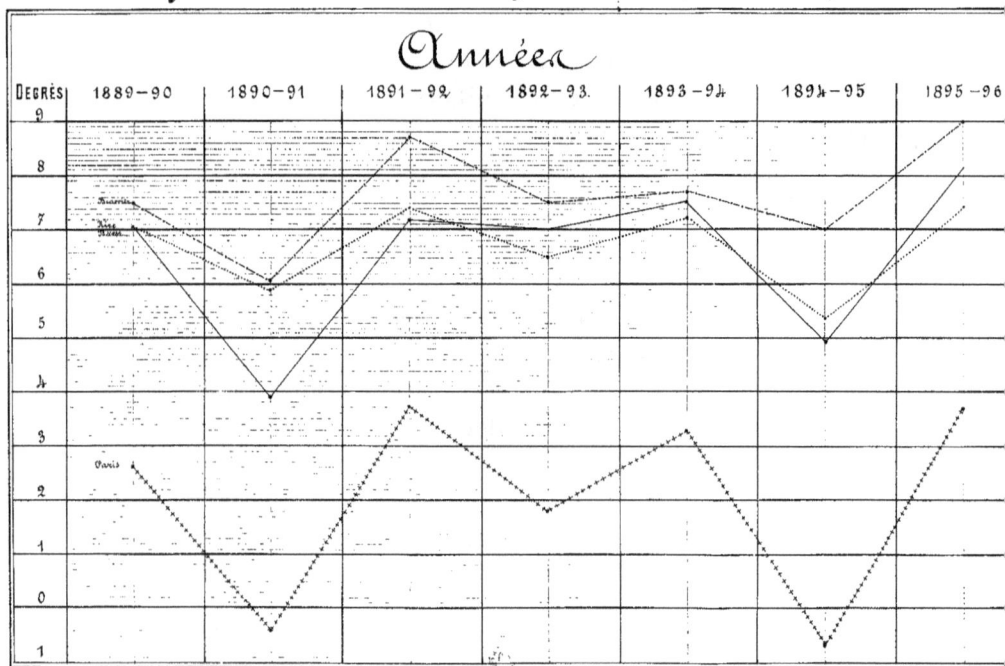

DEGRÉS	1889—90	1890—91	1891—92	1892—93	1893—94	1894—95	1895—96

Années

fait le relevé de la température des hivers météorologiques de Brest, de Nice et de Biarritz pendant les sept
dernières années (de décembre 1889 à février 1896), en
prenant comme type de comparaison les observations
de Paris.

J'aurais désiré étendre cette étude comparative à
d'autres stations hibernales, telles que Pau, Arcachon,
Cannes, Menton, etc., mais le *Bulletin* n'en publie pas
les observations, et comme je considère que, *seules*, sont
scientifiquement comparables les données fournies par
une seule et même source qui est, en l'*espèce*, la seule
source officielle, je n'ai pas cru devoir mettre en paral-
lèle les relevés donnés en ces diverses stations par les
observateurs particuliers ou les associations scientifi-
ques locales.

Voici deux diagrammes :

Le premier donne la température moyenne de l'hiver
météorologique.

Le second donne cette température moyenne pour
chaque mois.

Un simple coup d'œil jeté sur le diagramme I nous
permet de remarquer que la ligne qui représente Biarritz est toujours au-dessus des trois autres.

Dans chacun des sept hivers météorologiques la
température moyenne y a donc été supérieure à celles
de Paris, de Brest et de Nice, dépassant deux fois celle-
ci des chiffres importants de 1º 5 et 1º 3.

La lecture du diagramme II nous fait voir :

1º Que Biarritz, dans 13 mois sur 21, a eu une température moyenne supérieure aux deux stations de Brest
et de Nice ;

2º Cette température a été 16 fois supérieure et une
fois égale à celle de Nice ;

3º La différence de température, à latitude égale, entre

le¦climat maritime et le climat continental,apparaît d'une façon frappante (courbes de Brest et de Paris).

Quoique connue, cette observation, si bien mise en lumière par le docteur Lalesque, dans son ouvrage *Le climat marin et la tuberculose*, méritait d'être signalée ici.

Tels sont les relevés que j'appellerai *officiels* du *Bulletin international*.

Il en résulte que pendant les *sept derniers hivers météorologiques*, la température moyenne a été la suivante .

Pour Paris elle a été de..... ....   2⁰ 0
—   Brest   — 6⁰ 6
—   Nice   — 6⁰ 8
—   Biarritz   — 7⁰ 6

Les chiffres fournis par les *observations particulières* ne sauraient avoir le caractère de valeur scientifique nécessaire que possède le *Bulletin*.

En ce qui concerne Nice, ces chiffres ne concordent ni entre eux ni avec les nôtres. C'est ainsi que le docteur Baréty, dans son ouvrage *Le climat de Nice*, cite la moyenne de 9⁰ 5 qui résulterait de 28 années d'observations de M. Teysseire, tandis que le docteur de La Harpe donne, d'après le même M. Teysseire, les moyennes suivantes [1] .

Décembre	Janvier	Février	Moyenne
6⁰ 0	8⁰ 3	9⁰ 2	7⁰ 8

Le docteur de Valcourt porte cette moyenne à 8⁰ 3. Le docteur Labat, dans sa magistrale communication au congrès de Paris, dit que, d'après Niepce et Lombard, la moyenne hibernale de la Corniche varie entre 9 et 10 degrés.

Le docteur Pitta (de Madère) fait descendre cette moyenne à 7⁰ 9 (congrès de Biarritz).

(1) Dr de La Harpe *(Formulaire des Stations d'hiver et des Stations d'été*, page 200).

Diagramme II. — Hivers météorologiques — Moyennes thermométriques mensuelles

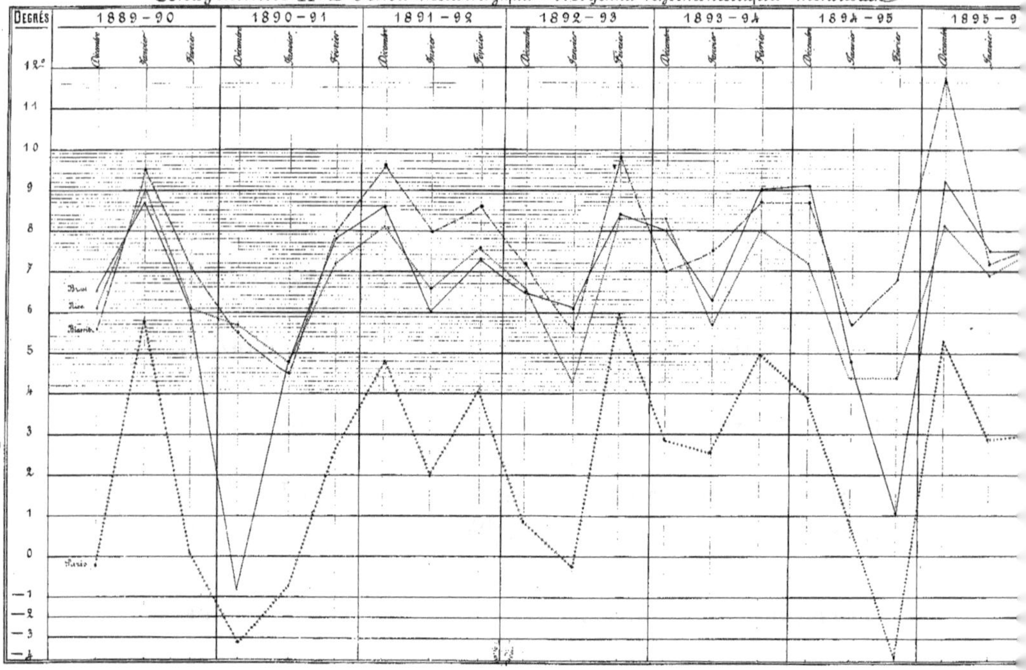

De même pour Cannes, le docteur Sève porte la température moyenne à 10° 2. M. de Valcourt la réduit à 9°.

Pour Dax, elle serait de 7° 8 d'après les docteurs Delmas et Larauza, et de 8° à 9° d'après d'autres observateurs. (Les 5 dernières années ont donné une moyenne de 6° 5 seulement, d'après le docteur Larauza.)

Il est remarquable, au contraire, que pour Biarritz les *moyennes particulières* diffèrent très peu de celles du *Bulletin*. En effet, le docteur Leroy */Biarritz, ville d'hiver/* donne la moyenne de 8° 5 pour les années de 1871 à 1876 et de 7° 9 pour celles de 1876 à 1889. « Bien rarement, dit-il, le thermomètre s'est maintenu sous zéro au milieu de la journée...... Les journées de soleil sont communes, et nous en avons noté plus d'une de 17 à 21° à l'ombre. »

« La température à Biarritz, dit le comte Henri Russel, *Biarritz and Basque countries*, est plus élevée que celle de Pau, spécialement le soir et la nuit. Il est bien connu que l'Océan tend à égaliser les températures. On voit quelquefois la neige à Biarritz, mais rarement, et lorsque le vent du Sud vient à souffler, comme il arrive souvent, dans le cœur de l'hiver, ses chaudes haleines font passer la température au delà de 70° Fahrenheit à l'ombre (21° centigrades.)..... Sans doute, il fait froid quelquefois, il peut geler pendant une semaine entière, rarement plus.»

Et M. Lombard : « La température d'hiver à Bia `lz est plus élevée qu'à Pau et qu'à Pise, elle est presque égale à celle de Rome. Le thermomètre descend rarement au point de congélation. La moyenne de décembre 1863 fut de 9° 8 ; celle de janvier 1864 de 7° 8 ; elle fut la même en janvier 1862 ».

« Biarritz, dit le docteur Chapmann, est doux, éclairé par le soleil et sec en hiver. »

relève pour l'hiver 1888-89 une moyenne de 7° 7 pour
Biarritz et de 7° 2 pour Nice. Pour les hivers de 1887-88,
1888-89 et 1889-90, les chiffres suivants sont donnés par
l'Observatoire de la Grande Plage :

Pour Biarritz............... 6° 3, 7° 6 et 7° 8

Pour Nice.................. 6° 0, 7° 1 et 7° 2

D'après ce même Observatoire, la moyenne serait à
Biarritz de 7° 8 pour la période de 1884 à 1891, très rap-
prochée de celle que je relève pour les sept derniers
hivers. M. le docteur Elevy porte cette moyenne à 7° 9.

M. Henry Léon, dans sa communication si intéres-
sante et si complète au Congrès de Biarritz, est un peu
au-dessous de ces chiffres. Il attribue 7° à Biarritz et 6° 4
à Nice. Enfin, M. le docteur Labat donne la moyenne de
7° 8. (Congrès de Paris).

En résumé, contrairement à ce que nous venons
d'observer pour Nice, les chiffres thermométriques donnés par les *observations particulières* sont pour Biarritz
en concordance presque absolue avec ceux du *Bulletin.*

Comme il me paraît logique et légitime d'accorder au
même document la même autorité scientifique pour les
deux stations, il en résulte que, *quelles qu'aient été les*
moyennes thermométriques dans les années précédentes,
il est un fait constant, c'est que *dans les sept dernières*
années :

1° La température moyenne hibernale s'est montrée, à
Biarritz, de près d'un degré plus élevée que celle de Nice ;

2° Elle a été plus élevée dans chacun des sept hivers ;

3° Elle a été plus élevée dans 16 mois sur 21.

B. — Ecarts Moyens.

Si Biarritz est favorisé au point de vue de la moyenne thermométrique hibernale, il l'est encore au point
de vue des *écarts moyens* entre les moyennes des maxima et des minima.

BIARRITZ, STATION HIBERNALE

Le tableau suivant indique ces écarts moyens pendant les sept derniers hivers .

TABLEAU *indiquant les écarts moyens entre les moyennes mensuelles des maxima et des minima dans les sept derniers hivers météorologiques.*

MOIS	1889-90	1890-91	1891-92	1892 93	1893-94	1894-95	1895-96	TOTAUX	Ecarts mensuels	Ecart moyen
Station hibernale de Nice										
Décembre	6.6	6.3	7.1	6.9	7.2	8.0	6.9	490	7.0	»
Janvier..........	7.7	6.5	5.9	6.1	8.2	6.5	8.4	490	7.0	»
Février..........	6.9	9.1	7.8	8.1	6.7	6 6	8.0	532	7.6	7.2
TOTAUX	21.2	21.9	20.8	21.1	22.1	21.1	23.0	1512	21.6	»
Ecarts moyens annuels	7.0	7.3	6.9	7.0	7.4	7.0	7.7	50.3	7.2	»
Station hibernale de Biarritz										
Décembre	6.4	5.8	6 5	7.4	6.5	6.1	5.8	445	6.3	»
Janvier..........	7.0	7.9	6.2	6.2	7.9	6.1	7.3	486	6.9	»
Février..........	7.7	9.1	7.6	7.9	6.2	7.2	8.3	540	7.7	7.0
TOTAUX	21.1	22.8	22.3	21.5	20.6	19.4	21.4	1471	20.9	»
Ecarts moyens annuels	7.0	7.6	7.4	7.1	6.8	6.4	7.1	49.4	7.0	»

L'écart moyen est donc très sensiblement le même et il est très faible dans les deux stations

    A Nice, il est de...... ....   7° 2

    A Biarritz.....................   7° 0

« L'abaissement de la température à Nice, dit M. le docteur Baréty, est surtout sensible au coucher du soleil ; il peut être, en effet, de plusieurs degrés, s'opère brusquement et s'accompagne d'une chute abondante de serein » (*Du Climat de Nice*, p. 25).

« L'extrême rayonnement, conséquence de ce ciel si pur qui se fait par le beau temps au moment du coucher du soleil, entraîne la production d'une humidité froide qui rend ce moment si redoutable pour les malades et désagréable pour les bien portants. Le nombre des jours où les malades sont obligés de rester à la maison à cause de la pluie et du vent violent est, par hiver, de 50 à 60 (Hayem). » (1)

Rien de semblable ne s'observe à Biarritz. Il n'y a pas « d'abaissement brusque de température au coucher du soleil. » L'explication se trouve peut-être dans l'action bien connue de la proximité de l'Océan qui tend à égaliser les températures, dans le voisinage du Gulf-Stream, dans le peu de fréquence des vents d'Est et de Nord-Est et enfin dans la fréquente et plus grande nébulosité qui, en hiver, empêche ou, du moins, diminue le rayonnement.

Quoi qu'il en soit, le fait est constant et constaté par tous les observateurs, et ce n'est pas un des moins précieux avantages du climat de Biarritz que cet abaissement si peu sensible de température au coucher du soleil.

    C. — DIFFÉRENCES DE TEMPÉRATURE A L'OMBRE
         ET AU SOLEIL.

M. le docteur Baréty porte cette différence pour Nice

(1) De La Harpe — *Formulaire*, p 200

à 24⁰   pour l'année entière,

à 23⁰ 5 pour l'hiver,

et 22⁰   pour l'été,

« d'où il résulte, dit-il, que cet écart est plus accusé en hiver qu'en été. Mais il importe de faire remarquer tout de suite que ces chiffres sont le résultat de calculs fondés sur la comparaison de degrés de température obtenus à l'ombre d'une part, et, d'autre part, en plein soleil, en ayant soin, toutefois, dans ce dernier cas, d'envelopper la boule du thermomètre à mercure d'un tissu de laine noire » (1)

Mon observation à Biarritz ne porte que sur l'année 1895 et l'année courante jusqu'au 1ᵉʳ septembre. Elle a été faite dans des conditions similaires, et a donné les résultats suivants

La moyenne a été de.............   7⁰ 2

　　　　　Hiver................ .....   6⁰ 3

　　　　　Eté......... ....   4⁰ 7

Les relevés thermométriques ont été faits à midi.

M. Baréty n'indique pas l'heure de ses observations.

II. — DÉMOGRAPHIE,

La température moyenne de l'hiver météorologique à Biarritz, ainsi que le démontrent tous les documents d'observation recueillis, permet de classer cette ville comme *station hibernale*.

La *note démographique* que je vais exposer vient aussi plaider en faveur du climat.

A - La santé publique n'est pas la dernière à se ressentir de la valeur d'un climat. Or, de mémoire de Biarrot, il n'y a jamais eu d'épidémie à Biarritz

« Biarritz fut toujours préservé des maladies contagieuses à l'époque où elles exerçaient des ravages à peu

(1) Docteur Baréty (*Du Climat de Nice*, p 26)

de distance. Le choléra morbus ne s'y montra jamais non plus qu'à Bayonne. Cette dernière ville, encombrée autrefois de troupes qui y venaient d'Espagne, dévorées par le typhus, ne fut point elle-même infectée par la maladie, tant la salubrité y est admirable. Nous empruntons cette remarque aux savantes et judicieuses notes récemment publiées par M. le docteur Ducasse. » (1)

On observe quelquefois, à des intervalles plus ou moins éloignés, quelques cas isolés de maladies contagieuses, telles que : rougeole, scarlatine, coqueluche, angines à streptocoques, rarement des diphtéries confirmées, des fièvres typhoïdes. Mais, outre qu'ils sont rares, ces cas ne se présentent jamais sous la forme épidémique, ils s'éteignent sur place sans même former un foyer de contagion, même dans les maisons et les quartiers où l'encombrement semblerait devoir donner prise à l'extension. De plus, ils n'affectent presque jamais un caractère marqué de gravité, et le chiffre des décès est faible.

L'oxygène et l'ozone de Biarritz, grâce à l'influence salutaire des vents du large, auraient-ils une action microbicide particulière ? Où réside la cause de cette heureuse immunité relative de Biarritz pour l'agent épidémique ? C'est une recherche qu'il sera intéressant de poursuivre. Contentons-nous, pour le moment, de constater que l'état sanitaire y est exceptionnellement satisfaisant en toutes saisons.

B. — Un second critérium pour juger de la valeur d'un climat nous est donné par les *relevés démographiques*.

Le tableau suivant donne le mouvement démographique depuis l'année 1875, c'est-à-dire pendant les 21 dernières années.

(1) *Biarritz entre les Pyrénées et l'Océan. — Itinéraire pittoresque*, par Augustin Chaho.

BIARRITZ, STATION HIBERNALE

MOUVEMENT DE LA POPULATION DE BIARRITZ DEPUIS 1875

ANNÉES	Naissances	DÉCÈS				Excédent des naissances sur les décès	Proportion °/₀ des naissances aux habitants	Proportion °/₀ des décès aux habitants	OBSERVATIONS
		De 0 a 2 ans	De 2 ans à 65	Au dela de 65 ans	TOTAL				
1875....	169	36	50	23	109	60	18.9	12.1	Les recensements ayant donné une population
1876....	193	29	50	27	106	87	21.4	12.0	
1877....	195	40	31	20	91	104	21.7	10.0	En 1876 & 1881 de 8,000 hab^ts
1878....	210	36	65	28	129	81	23.3	14.3	En 1886...... de 9.000 »
1879....	203	52	64	36	152	51	22.5	17.0	En 1891.......de 10.000 »
1880....	221	47	68	36	151	70	24 5	17.0	En 1895.......de 13.000 »
1881....	249	39	89	31	159	90	27.7	17.6	*(en chiffres ronds)*
1882....	271	35	90	34	159	112	30.0	17.6	et considérant, d'un autre
1883....	291	41	90	39	170	121	32.3	19.0	côté, que le chiffre de 13.000
1884....	286	47	63	34	144	142	31.7	16.0	n'a été atteint, selon toute
1885....	273	47	105	32	184	89	30.0	20.0	vraisemblance, que dans la
1886....	247	43	67	34	144	103	27.4	16.0	dernière année (1895) en rai-
1887....	226	43	58	56	157	69	25.0	17 4	son du grand nombre d'ou-
1888....	253	50	79	46	175	78	28.0	19.4	vriers arrivés dans le cou-
1889....	228	48	71	63	182	46	25.3	20.0	rant de l'année, nous avons
1890....	224	38	77	50	165	59	25.0	18.3	pensé nous rapprocher le
1891....	223	40	82	60	182	41	24.8	18.0	plus près de la vérité, en
1892....	229	41	80	44	165	64	25.4	18.3	calculant toutes les propor-
1893....	222	40	101	58	199	23	24 6	19.9	tions sur une *population*
1894....	246	25	68	62	155	91	27.3	17.2	*moyenne de 9.000 habitants*
1895....	246	21	89	54	164	82	27.3	18.0	*pendant toute la période étu-*
Totaux.	4905	838	3157	867	3242	1663	MOYENNES 25.9	MOYENNES 16.9	*diée de 21 ans.*

Quatre observations intéressantes se dégagent de la lecture de ce tableau :

1º La moyenne des naissances a été de 25,9 pour 1.000 hab[s].
     —   des décès de.......... 16,9   —

Excédent des naissances............. 9,0   —

Or, en France, cet excédent est, d'après Lagneau, de 1,10 seulement, en moyenne, et même, (constatation douloureuse à faire), les décès ont été supérieurs aux naissances pendant les années 1890, 91 et 92, correspondant à l'année terrible.

A l'étranger, pendant une même période de 21 ans (1860 à 1880), les résultats seraient les suivants :

Norvège .... 13,9 pour 1000 habitants.
Angleterre 13,4   —
Allemagne............... 12,25   —
Russie.................. 12,9   —
Suède............. 11,7   —
Danemark............... 11,5   —
Espagne................. 9,6   —
Autriche................ 8,6   —
Italie................... 7,1   —
Suisse................. 7,0   —
Hongrie................ 4,1   —

La France vient bien loin au dernier rang. Il ne faut pas oublier, il est vrai, que l'avantage des autres nations tient, pour une large part, à la forte natalité qu'elles présentent. Pour ne citer que deux d'entr'elles,

En Angleterre la natalité est de.. 42 pour 1.000 hab.
En Russie.................... 48   —
quand en France elle n'est que de 23   —

Mais la faiblesse numérique de l'excédent des naissances sur les décès n'en existe pas moins, et le chiffre des décès, ainsi que nous allons le voir, est aussi grand en France qu'ailleurs ;

2° La mortalité à Biarritz a été, en moyenne, pendant les 21 dernières années, de ...... 16,9 pour 1.000 hab.

Pendant les 10 dernières, de... 16,8 —

Dans cette même période de 10 ans,

Alger a eu une mortalité de.... 26,5 pour 1.000 hab.

Bordeaux.......... .... 24,8 —

Nice .... 23,8 —

Pau...................... .. 20,2 —

Bayonne................... 21,1 —

Arcachon .... 18,0 —

D'après M. le docteur Juanchuto, Cambo aurait eu une mortalité de 21,2 pour 1.000 habitants , dans la période étudiée de 1856 à 1886. C'est ce qui résulte, du moins, d'une étude qu'il a communiquée au Congrès de Biarritz. Mais il fait remarquer, avec raison, que cette moyenne est certainement augmentée par l'énorme mortalité des enfants en bas-âge, due, en grande partie, à la mauvaise hygiène alimentaire.

Cette même remarque peut, du reste, s'appliquer à Biarritz.

A l'étranger, cette moyenne serait, d'après une statistique récente :

	1892-94	1872-76
Suède...................	17,2	20,1
Angleterre...............	18,3	21,9
Ecosse	18,4	22,5
Irlande.................	18,5	17,8
Hollande	19,6	23,9
Suisse.................	20,1	23,6
Belgique...............	20,2	21,7
Allemagne..............	23,7	26,9

Italie..................	25,7	30,0
Autriche................	27,9	30,5
Hongrie................	33,3	34,1
France.................	22,3	22,4

Taux de la mortalité générale dans les principales villes d'Europe pendant l'annee 1894, selon la *Semaine Médicale* :

Bristol	15,4	Lyon...............	20,9
Francfort-sur-le-Mein	16,5	Dresde	20,5
La Haye...........	16,9	Berne	21,0
Berlin.............	17,2	Bordeaux..........	21,3
Liège.............	17,6	Venise.............	21,6
Londres............	17,7	Magdebourg........	21,8
Leeds	17,8	Boulogne..........	21,9
Bruxelles..........	18,1	Prague............	22,1
Hambourg..........	18,1	Odessa............	22,3
Amsterdam.........	18,3	St-Etienne.........	22,7
Bâle..............	18,5	Vienne............	22,8
Birmingham....,...	18,5	Cologne...........	23,1
Leipzig............	18,7	Lille	23,5
Copenhague.......	18,7	Munich............	23,7
Turin	18,8	Liverpool..........	23,8
Zurich	18,9	Nantes	23,9
Genève............	19,0	Buda-Pesth........	24,4
Stockholm.........	19,4	Gratz.............	24,5
Anvers............	19,4	Dublin............	24,7
Rome	19,6	Varsovie..........	25,0
Christiania	19,6	Milan	25,0
Nice..............	19,7	Breslau...........	25,5
Gand.............	19,7	Reims............	25,8
Glasgow...........	20,0	Naples	27,7
Paris..............	20,2	Marseille	28,3
Rotterdam.........	20,2	Barcelone	29,6
Manchester........	20,4	Le Havre..........	29,8

Bucharest 29,9   St-Pétersbourg 31,4
Trieste .... 30.1   Moscou 34,1
Rouen 31,3

Taux de la mortalité, pendant le 1er semestre 1894, de diverses villes des Etats-Unis (d'après la *Revista de Medicina y Cirugia practica de Madrid :)*

VILLES	POPULATION	DÉCÈS %o
New-York	1.801.739	26.47
Chicago	1.458.000	18.95
Philadelphie	1.165.562	21.95
Brooklyn	978.394	18.47
St-Louis	520.000	21.84
Boston	487.000	23.88
Baltimore	349.594	21.10
San Francisco	330.000	18.21
Cincinnati	305.000	19.67
Cleveland	290.000	18.19
Buffalo	290.000	16.28
Pittsburg	255.000	22.92
New-Orléans...	254.000	28.72
Milwonkee	250.000	16 00
Louisville	227.000	14.00
Minneapolis	209.000	9 60
San Pablo	155.000	9.61
Derwer	150.000	11.61
Rochester	145.000	17.87

Ces chiffres n'ont peut-être pas toute l'importance désirable en raison de la brièveté de la période étudiée.

Il ressort néanmoins de ces quelques moyennes que Biarritz occupe un des premiers rangs avec le chiffre inférieur de 16,9 décès pour 1.000 habitants.

Mais ce chiffre devrait facilement être diminué.

En effet . 3° La troisième remarque qui se dégage de

la lecture du tableau précédent, c'est l'énorme mortalité des enfants de 0 à 2 ans.

Pendant la période étudiée, elle a atteint le chiffre de 838 sur un total de 3,242 décès. (17 po ir 100 naissances et 26 pour 100 décès), tandis que la moyenne, en France, des enfants de 0 à 1 an est, d'après Lagneau, de 16,8 0/0 en y comprenant les enfants illégitimes dont la mortalité est énorme, puisqu'elle o,cille entre 20 et 77 0/0. — (68 0/0 n'atteignent pas l'age adulte).

La cause la plus fréquente des décès chez les enfants en bas-âge est, à Biarritz, due, sans nul doute, à la mauvaise hygiène alimentaire, de là, des gastro-entérites, des diarrhées mortelles Il ne serait pas impossible, selon moi, de diminuer ce chiffre des décès et la moyenne générale serait diminuée d'autant.

4º Enfin, la proportion des décès parmi les habitants âgés de plus de 65 ans est très élevée. Elle atteint le chiffre de 867 (près du quart total). Ci-joint un tableau qui m'a paru digne d'être mentionné et que je dois à l'obligeance de M. Henry Léon. Les décès au delà de 75 ans sont ici dans la proportion de 1/6 environ.

TABLEAU RÉSUMÉ DE LA MORTALITÉ
De l'arrondissement de Bayonne de 1874 à 1884 inclus.

TOTAUX DES DÉCÈS	MASCULIN		FÉMININ	
	Ville 3860	Campagne 5699	Ville 3613	Campagne 5821
De 75 à 80 ans........ .	162	457	208	456
De 80 à 85 »	95	296	142	326
De 85 à 90 »	32	170	96	214
De 90 à 95 »	12	42	35	101
De 95 à 100 »	3	15	8	39
Centenaires	»	3	2	9
TOTAUX.	304	983	491	1145

Ce tableau concerne tout l'arrondissement de Bayonne qui jouit à peu près des avantages climatériques de Biarritz.

On voit que la proportion des décès pour les âges étudiés a été, à la ville, près de moitié moindre qu'à la campagne (10,7 % au lieu de 19,7). C'est donc à la campagne qu'on a cent fois plus de chance d'atteindre un âge avancé (75 ans et au delà).

D'un autre côté, dans un numéro d'un journal anglais *The Season*, publié à Biarritz, je relève le passage suivant

« Si vous désirez posséder le plus de chances de devenir centenaire, il faudra venir vivre dans un point quelconque du Sud-Ouest de la France, et de préférence dans le département des Basses-Pyrénées. Il est prouvé, d'une façon certaine, que, dans la période de 1866 à 1886, c'est ce département qui, avec son voisin les Hautes-Pyrénées, a possédé le plus grand nombre d'habitants qui sont arrivés à cet âge. Ils tiennent le record pour toute la France, ainsi qu'on le voit dans le tableau ci-dessous .

DÉPARTEMENTS.	NOMBRE de centenaires.	PROPORTION pour 100.000 habitants
Hautes-Pyrénées...	93	38.8
Basses-Pyrénées . .	167	38.4
Ariège	80	32.6
Landes.....	64	20.9
Gironde....... ...	130	19.7
Haute-Garonne	75	15.6

« Les statistiques les plus exactes montrent que le quart du chiffre total des centenaires qui vivent dans les 86 départements français se trouve dans les six départements désignés ci-dessus, où la proportion atteint les chiffres de 38 à 39 pour les deux départements pyrénéens tandis que, pour Nice et les Alpes-Maritimes, cette proportion n'est plus que de 2, 4, à 3,7.

« Les départements qui contiennent le nombre le plus faible de centenaires, sont : l'Ain, le Finistère, le Loir-et-Cher et le Loiret, avec une proportion de 1,1 pour 100,000 habitants. »

Biarritz, pour la longévité, est le point le plus favorisé des Basses-Pyrénées où, proportions gardées, on trouve plus de centenaires que dans tout le reste de l'Europe (1). La moyenne de la vie à Biarritz a été dans les dix dernières années de 42 ans environ.

Cette moyenne serait encore plus élevée n'était la grande mortalité infantile dont il serait injuste de rendre responsable le climat. Elle serait de 50 ans, si l'on ne tenait pas compte des décès de 0 à 2 ans.

Enfin les recensements ont donné les résultats suivants :

Habitants.	1881.	1896.
de 65 à 69 ans.........	184	256
70 à 74	171	211
75 à 79	89	132
80 à 84	44	56
85 à 89	16	24
90 à 94	4	7
95 à 99	2	2

sur une population très approximative de 8,500 habitants en 1881 et de 12,500 en 1896 (1 sur 16 environ).

III. — APPLICATIONS CLIMATOTHÉRAPIQUES

L'élément principal du climat, la *Température,* nous permet de proclamer Biarritz *Station hibernale.*

(1) Augustin Chaho.—*Itinéraire pittoresque,* 1ʳᵉ partie, p. 250.

L'étude *démographique* que je viens d'exposer et qui est le meilleur criterium de la valeur d'un climat, démontre l'excellent état sanitaire de la ville.

Certaines applications thérapeutiques découlent tout naturellement de ces données.

Loin de moi l'idée de vouloir faire de la climatologie hibernale de Biarritz une panacée universelle ; mais je suis convaincu qu'elle est applicable dans beaucoup de cas.

Je signalerai d'abord, en lui donnant toute mon approbation, la pratique anglaise, déjà adoptée et préconisée par les médecins anglais, et qui me paraît être la plus rationnelle.

Bien portants ou atteints de lésions légères, ou simplement suspects de diathèse et de constitution délicate, un grand nombre d'Anglais, à qui la situation de fortune le permet, viennent, chaque année, passer l'hiver dans le Midi de la France, soit sur la Riviera, soit sur les côtes de l'Océan, dans notre région du Sud-Ouest, à Cambo, Pau, Bagnères-de-Bigorre, St-Jean-de-Luz, Arcachon, Biarritz. Ils ne retournent dans leur pays qu'au printemps, en passant généralement par Bornemouth où ils font un séjour plus ou moins prolongé, selon l'état météorologique.

Les résultats obtenus par cette manière de faire sont excellents, et la colonie anglaise est ici de plus en plus nombreuse.

Pourquoi les habitants du Nord, de l'Est de l'Europe et de la France ne suivraient-ils pas la même pratique ?

Quoi de plus irrationnel pour les personnes délicates, pour les enfants malingres, dont l'organisme est un terrain propice, un milieu de culture favorable aux microbes de toutes sortes, que de passer les saisons d'été et d'automne sur les plages du Midi, où ils respirent à pleins poumons cet air vivifiant de la mer, et de revenir, à l'entrée de l'hiver, s'enfermer dans leurs appartements calfeutrés, à air plus ou moins vicié, dont le renouvellement est si difficile, au milieu de tentures, de rideaux, de tapis, véritables nids á microbes? Le bénéfice obtenu par l'aérothérapie marine, ce bénéfice si difficilement acquis, n'est-il pas complètement compromis en agissant de la sorte? Et comment en serait-il autrement? C'est au moment où l'accoutumance s'étant établie pour l'organisme à l'atmosphère marine, il pourrait plus facilement supporter son action plus vive et tonique de la saison hibernale, c'est à ce moment-là que recommencent le genre de vie et l'hygiène qui ont été si préjudiciables. Pourrait-on sérieusement convenir que, dans ces conditions, la climatothérapie puisse donner tous les bons résultats qu'on est en droit d'en attendre?

Je ne le pense pas, et je partage absolument l'opinion de M. Jules Simon qui, dans sa communication magistrale au Congrès de Paris, dit en parlant de certains enfants et du traitement hydrominéral : « En hiver, les bords de la Méditerranée permettent de continuer le traitement commencé dans la belle saison. » Mais je crois pouvoir ajouter, après l'exposé succinct que je viens de faire, que *les bords de l'Océan* remplissent aussi ces conditions favorables dans cette région privilégiée du fond du Golfe de Gascogne.

Ces enfants sont tous ceux qui présentent les diverses manifestations de la diathèse scrofuleuse, telles que « l'adénopathie simple ou suppurée, les gommes du tissu cellulaire, les abcès froids ganglionnaires ossifluents, les fistules, les ulcères, les affections des os et des articulations, l'ostéo-périostite, l'ostéite, la carie, les arthrites fougueuses suppurées, les tumeurs blanches, le mal de Pott. »

Tous ces états morbides, traités avec succès par la cure d'air hibernale, seront adressés à Biarritz avec d'autant plus de raison qu'ils sont, en même temps, pour la plupart, justiciables du traitement chloruré-sodique qu'il sera facile de suivre ici pendant tout l'hiver.

Devront encore retirer un bénéfice non douteux de la cure hibernale et du traitement salin, les convalescences, les états d'anémie et de chloro-anémie, de déchéance vitale, de misère physiologique, les affections de croissance, le lymphatisme avec atonie des fonctions de l'organisme, les enfants malingres, à poitrine étroite, à membres grêles, porteurs ou non de végétations adénoïdes ou d'adénopathie bronchique.

Les vieillards, ainsi que nous l'avons vu, y prolongent leur existence jusqu'à des limites inconnues autre part.

Enfin, les maladies de femmes, dont la simple énumération serait banale et trop longue, qui nécessitent le traitement chloruré-sodique, pourront bénéficier de cette cure pendant *l'hiver* aussi bien que dans les autres saisons, avantage qui ne laisse pas d'être précieux dans beaucoup de circonstances.

Dans sa communication au Congrès de Paris, M. le docteur de Valcourt déclare *qu'il s'associe pleinement aux conclusions de M. le docteur d'Espine.*

« Dans le traitement des affections scrofuleuses, les résultats obtenus à Cannes démontrent l'importance d'un séjour prolongé au bord de la mer, et la guérison me paraît dépendre de trois facteurs principaux : 1º l'atmosphère marine, 2º la balnéation avec l'eau de mer, 3º le séjour d'un climat tempéré chaud, qui permet de remplacer le confinement forcé de l'hiver par une aération continue. »

On ne saurait mieux dire, et je répèterai, que tous ces facteurs, si importants et si utiles, Biarritz les possède et qu'il possède en outre l'avantage d'offrir la possibilité du traitement salin.

Je terminerai enfin cette note par la citation du rapport de M. le docteur Navarre, rapporteur de la commission du Conseil municipal de Paris, chargé de trouver un emplacement de *sanatorium,* et qui conclut par le choix d'un point du littoral du Golfe de Gascogne, non loin de Biarritz

« Les recherches, dit-il, doivent être faites en tenant compte surtout :

« 1º Des conditions climatériques de la région ;

« 2º De la nature de la plage.

« A température équivalente, il est préférable de choisir une plage offrant, avec un climat constant, tous les bénéfices des effluves marines.

« Sur le littoral du Golfe de Gascogne, le]vent du Sud-Ouest souffle d'une façon régulière et pousse vers le rivage l'air pur de l'Océan.

« Nous attachons à la direction du vent une grande importance, parce que les propriétés thérapeutiques de l'air marin sont au moins égales à celles de l'eau dans laquelle les baigneurs se livrent à leurs ébats. Par sa densité, sa température, son humidité, sa pureté et sa constitution chimique, il exerce sur ceux qui le respirent une action tonique et hématosante considérable.

« Bien plus : l'air de la mer convient à presque toutes les constitutions, et ses contre-indications sont peu nombreuses, tandis qu'un certain nombre de personnes supportent mal les bains de mer.

« Dans la scrofule, ce n'est que de l'action de l'atmosphère que l'on doit attendre la transformation de l'organisme. Le mal est profond, et la rénovation de l'individu n'est possible qu'à l'aide de modificateurs qui, par leur influence persistante, peuvent relever physiquement l'enfant déchu pour en faire un homme.

« Les plages du golfe de Gascogne nous offrent ces avantages ; elles sont, en outre, privilégiées par le passage du Gulf-Stream.

« Sur les bords de la Méditerranée, au contraire, le mistral souffle par intermittences fréquentes dans la direction du Nord-Ouest, refroidit l'atmosphère du littoral et, comme il vient du continent, repousse au large l'air pur apporté par les brises de la mer. Lorsque ce vent âpre et rude se fait sentir, on se trouve péniblement impressionné par le froid et la sécheresse de l'air, et aussi par la poussière qui vient nous fouetter le visage.

« Une plage destinée à recevoir des enfants scrofuleux doit présenter certaines qualités. Il est nécessaire que l'accès de la mer y soit facile.

« Le sable fin, uni, mouillé, doit être recherché de préférence. Les plages de l'Océan nous offrent ces qualités. Nous y trouvons aussi le flux et le reflux qui exercent une action si puissante sur l'organisme. La vague qui déferle est la plus efficace des douches, c'est la moins répulsive des manœuvres hydrothérapiques. Mais ce n'est pas là le seul avantage du va-et-vient de la vague. La marée est indispensable pour la constitution d'une vraie plage de sable. Sans doute, aux bords de la Méditerranée, il ne manque pas de stations où l'on peut se baigner sur un sable doux et uni ; mais, une fois sorti de l'eau, et à part une zone étroite que l'on dispute à la vague, on trouve immédiatement un sable sec. Or, le sable sec diffère essentiellement du sable mouillé. Le premier est mouvant, la marche y est pénible, le pied y enfonce, le vent le soulève en poussière ; le second est compact, doux et ferme à la fois, et fournit au pied un appui stable.

« Sur les plages de l'Océan, la mer, en se retirant, laisse un vaste espace moelleux et uni, qui n'a pas le temps de sécher entre deux marées, et sur lequel les enfants peuvent jouer des heures entières.

« Toutes ces raisons, auxquelles nous ajouterons le voisinage des stations thermales de Dax et de Salies-de-Béarn et celui de la station hibernale de Pau, nous ont décidé à installer le nouveau sanatorium sur les bords du Golfe de Gascogne. »

IV. — CONCLUSIONS

1° La moyenne thermométrique de l'hiver météorologique a été, à Biarritz, pendant les sept dernières années de 7° 6 ;

2° La proportion moyenne des décès a été, pendant les 21 dernières années, de 16,9 pour 1.000 habitants, bien inférieure à la moyenne en France et dans diverses stations climatériques ;

3° Le facteur *Température* et les *relevés démographiques* s'accordent à conclure à la véritable valeur climatérique de Biarritz et à en proclamer l'importance comme station hibernale ;

4° Un grand nombre d'états morbides ou simplement suspects pourront être avantageusement traités ici, *en hiver*, aussi bien que dans *les autres saisons*, par la climatothérapie, l'aérothérapie marine, par les bains de mer et les eaux chlorurées sodiques.

Biarritz, imprimerie et lithographie A. Lamaignère.